AF144206

# BEI GRIN MACHT SICH IHR WISSEN BEZAHLT

- Wir veröffentlichen Ihre Hausarbeit,
  Bachelor- und Masterarbeit

- Ihr eigenes eBook und Buch -
  weltweit in allen wichtigen Shops

- Verdienen Sie an jedem Verkauf

Jetzt bei www.GRIN.com hochladen
und kostenlos publizieren

Christian Schantl

# Solarzellentypen. Umsetzung der Photovoltaik

GRIN Verlag

**Bibliografische Information der Deutschen Nationalbibliothek:**

Die Deutsche Bibliothek verzeichnet diese Publikation in der Deutschen National-
bibliografie; detaillierte bibliografische Daten sind im Internet über http://dnb.d-
nb.de/ abrufbar.

**Impressum:**

Copyright © 2009 GRIN Verlag GmbH
Druck und Bindung: Books on Demand GmbH, Norderstedt Germany
ISBN: 978-3-640-36162-5

**Dieses Buch bei GRIN:**

http://www.grin.com/de/e-book/130833/solarzellentypen-umsetzung-der-photovol-
taik

**GRIN - Your knowledge has value**

Der GRIN Verlag publiziert seit 1998 wissenschaftliche Arbeiten von Studenten, Hochschullehrern und anderen Akademikern als eBook und gedrucktes Buch. Die Verlagswebsite www.grin.com ist die ideale Plattform zur Veröffentlichung von Hausarbeiten, Abschlussarbeiten, wissenschaftlichen Aufsätzen, Dissertationen und Fachbüchern.

**Besuchen Sie uns im Internet:**

http://www.grin.com/

http://www.facebook.com/grincom

http://www.twitter.com/grin_com

CAMPUS 02 Fachhochschule der Wirtschaft

Studiengang Innovationsmanagement

**Bachelorarbeit**

# Solarzellentypen

## Umsetzung der Photovoltaik

Christian Schantl

Graz, April 2009

# Zusammenfassung

Diese Arbeit soll es dem Leser ermöglichen, die Herstellung und Anwendungen von monokristallinen-, polykristallinen- sowie Dünnschicht-Solarzellen aus amorphem Silizium zu verstehen. Dabei werden die einzelnen Herstellungsverfahren zum Erzeugen des Grundmaterials sowie die einzelnen Produktionsschritte beschrieben. Durch die Darlegung der Einsatzgebiete der einzelnen Zellentypen werden objektiv die Vor- und Nachteile der einzelnen Solarzellentypen gezeigt.

Es wird noch zusätzlich die technische Realisierung von Photovoltaik und der Aufbau von Solarzellen anschaulich erklärt und dargestellt. Außerdem werden kurz die wichtigsten Meilensteine und Erfinder der Photovoltaik genannt.

Zum Schluss wird kurz auf die zukünftigen Technologien wie Nanobeschichtungen für Solarzellen bzw. Nanozellen eingegangen.

# Abstract

The purpose of this research was, to explain how solar cells especially signal-crystal, polycrystalline and amorphous cells will produce and which applications are for them. In order to show how a solar cell works, this study will describe all necessary production steps and also illustrate the extraction of the required base materials. To understand the function of these cells, a technical explanation will provide the implementation of photovoltaic. A short historic overview about important milestones and inventors helps to understand the progress at the beginning of photovoltaic. At the end a short prospect will show further possibilities in the development with NANO-technology.

# Inhaltsverzeichnis

# Abbildungsverzeichnis

# Abkürzungsverzeichnis

GPS   Global Positioning Unit

LED   Light Emitting Diode

CZ    CZOCHRALSKI

FZ    Floating Zone

# 1 Entstehung der Photovoltaik

Die Menschheit war schon immer fasziniert von den Himmelskörpern, die sich am Himmel auftaten. Sie nutzten schon sehr früh die Himmelskörper für verschiedene Aufgaben. Beispielweise richteten die Ägypter mit Hilfe der Sonne Ihre Pyramiden genau nach den Himmelsrichtungen Nord-Süd sowie Ost-West aus. Ebenso nutzte die Schiffart die Himmelskörper als Orientierung mit Hilfe eines sogenannten Sextanten, um die eigene Position festzustellen. Erst Jahrhunderte später wurden Satteliten ins Weltall geschossen, um sich mit deren Hilfe durch das heute viel eingesetzte GPS (Global Positioning System) zu positionieren.

Die ersten wissenschaftlichen Untersuchungen der Beeinflussbarkeit von Materie und Licht verdanken wir heute Alexandre Edmond Becquerel (1820-1891) Paris.[1] Er untersuchte Metallsalze und Metallelektroden im Elektrolyt und fand durch seine Experimente heraus, dass unter Einwirkung von Licht, Selen, nicht aber Kupfer seine Leitfähigkeit durch Lichteinstrahlung verändert.[2]

Die eigentliche Nutzung von Solarzellen wurde aber erst nach der Erfindung der Diode von Ferdinand Braun 1874 ermöglicht.[3]
1945 wurde die erste Silizium-Solarzelle von den amerikanischen Forschern Chapin, Fuller und Person entwickelt.[4]

Die Energiekrise in den siebziger Jahren führte dazu, dass die ersten terrestrischen Solarzellen von Spear und Lecomber entwickelt wurden.[5]

---

[1] Vgl.: Wagemann Hans-Günther und Eschrich Heinz (2007): Photovoltaik. Solarstrahlung und Halbleitereigenschaften Solarzellenkonzepte und Aufgaben. Bd. 1. Wiesbaden: B.G Teubuner Verlag GWV Fachverlage GmBH. S. 3.
[2] Vgl.: Wagemann und Eschrich (2007): Photovoltaik. S. 3.
[3] Vgl.: Wagemann und Eschrich (2007): Photovoltaik. S. 3.
[4] Vgl.: Wagemann und Eschrich (2007): Photovoltaik. S. 4.
[5] Vgl.: Wagemann und Eschrich (2007): Photovoltaik. S. 4.

# 2 Technische Realisierung

## 2.1 Prinzip

Bevor in diese Thematik eingestiegen wird, muss im Vorhinein noch geklärt werden, was Photovoltaik ist und wann man überhaupt von Photovoltaik spricht.

**Photovoltaik ist die direkte Umwandlung von Strahlungsenergie in elektrische Energie.**

Wie wird nun aus Sonnenlicht Strom erzeugt? Zunächst muss man genau Kenntnis darüber haben, wo und wie effizient man das Strahlungsangebot der Sonne nützen kann. Außerdem ist es von großer Bedeutung, wie das Sonnenlicht auf die Solarzelle auftrifft.

## 2.2 Umwandlung

Fällt Sonnenlicht auf einen Halbleiter, in der Regel Silizium, werden in diesem Halbleiter Valenz- bzw. Bindungselektronen freigesetzt. Dadurch kommt es zur Bildung von positiven und negativen Ladungen. Dies wird auch als „Innerer Photoeffekt" bezeichnet. Unter dem inneren Photoeffekt versteht man das Generieren von zusätzlichen Ladungsträgern durch Photonen.[6]

Trifft nun ein Photon auf ein Elektron, wird unmittelbar nach dem Generationsprozess (siehe Abb.1) Wärme an das Kristallgitter abgeben, dass zur Folge hat, dass sich das Elektron an der Leitungsbandunterkante und das Loch an

---

[6] Dr.-Ing. J.Blumenberg und Dr.-Ing. M. Spinner: Solarthermie & Photovoltaik. 3 Photovoltaik.
http://www.td.mw.tum.de/tum-td/en/studium/lehre/solar_photovolt/download/folien/SolPV_3-1
[Stand 02.04.2009]

der Valenzbandoberkante befindet.[7] Somit entstehen Bereiche mit Elektronenüberschuss bzw. Elektronenmangel. „Beim Generationsprozess werden durch Ionisation ein Elektron und ein Loch erzeugt. Die Ionisationsenergie wird dabei von einem Photon aufgebracht."[8]

Durch diesen Generationsprozess erreicht man eine Umwandlung von Strahlungsenergie (Photon) in elektrische Energie.

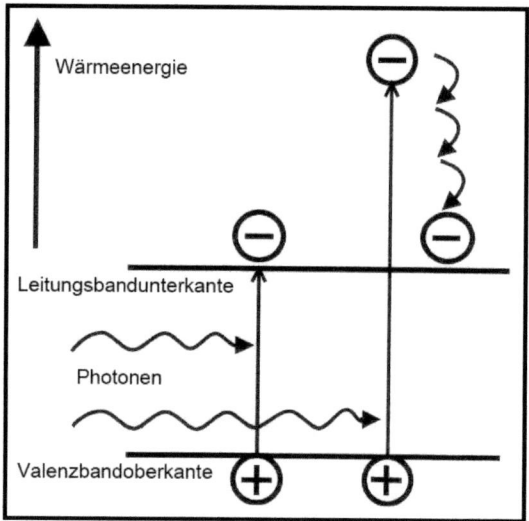

Abb.1 Generationsprozess[9]

[7] Vgl.: Wagemann und Eschrich (2007): Photovoltaik. Solarstrahlung. S. 20.
[8] Vgl.: Schulter, W. (1966): Advances in Solid State Physics. Rekombinations- und Generationsprozesse in Halbleitern. 5. Berlin/Heidelberg: Springer. S. 1 f.
[9] Verändert übernommen aus: Wagemann und Eschrich (2007): Photovoltaik. S. 20.

## 2.3 Aufbau und Funktion einer Solarzelle

Solarzellen bestehen aus einem pn-Übergang, wo sich die Elektronen befinden, aus einer n-leitenden Schicht sowie einer p-leitenden Schicht und den metallischen Kontakten (siehe Abb. 2).

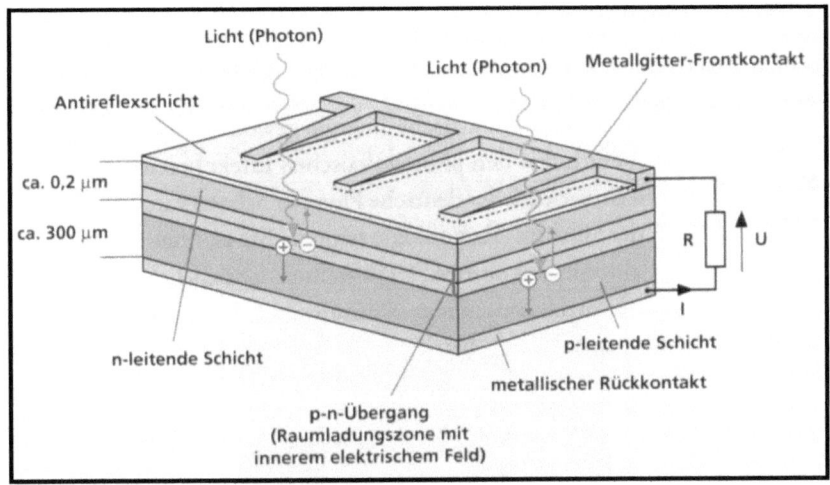

Abb.2 Solarzellenaufbau[10]

Trifft nun wie unter 2.2 beschreiben, ein Photon auf ein Elektron, entsteht im inneren elektrischen Feld ein Bereich mit Elektronenüberschuss (negative Ladungen), andererseits ein Bereich mit Elektronenmangel (positive Ladungen). Durch die p-leitende Schicht, die ein Loch aufweist, wird mit Hilfe eines positiv geladenen Valenzbandelektrons dieses Loch besetzt, wohingegen in der n-leitenden Schicht ein Elektron zu viel ist. Dieses zusätzliche Elektron wird durch den vorherrschenden Elektronenüberschuss herausgelöst, das zur Folge hat, dass ein elektrischer Strom fließen kann.[11]

[10] Verändert übernommen aus: Brunnmeier, Martin: Photovoltaik. Zellaufbau
http://www.brunnmeier.de/Photovoltaik/VergleichDaten/Zellaufbau.JPG [Stand 20.02.2009]
[11] Vgl.: Wagemann und Eschrich (2007): Photovoltaik. Solarstrahlung. S. 20 f.

# 3 Solarzellentypen

## 3.1 Monokristalline Solarzellen

Monokristalline Solarzellen weisen eine schön gleichmäßig strukturierte Oberfläche auf. In der Regel haben diese Zellen eine quadratische Form (siehe Abb. 3) mit einer Fläche von max. 15cm x 15cm, wobei aber die Entwicklung auf größere Zellen hinausläuft.[12] Derzeit ist die Herstellung größerer Zellen aus wirtschaftlichen Gründen noch nicht sinnvoll.

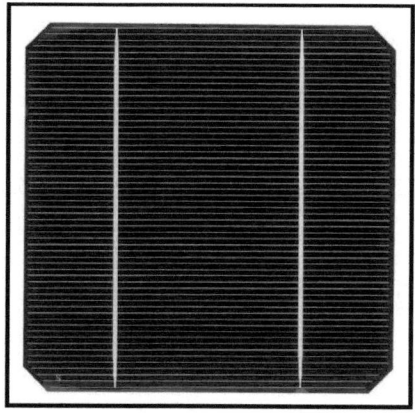

Abb.3 monokristalline Solarzellen[13]

Bei dieser Solarzellentype wird Silizium als Halbleiterwerkstoff verwendet, da dieser in großen Mengen vorkommt und für den Menschen ungiftig ist. Zurzeit werden ca. 30% aller Solaranlagen mit diesen Zellentyp ausgestattet.[14] Aufgrund

---

[12] Vgl.: Wagemann und Eschrich (2007): Photovoltaik. S. 79.
[13] Bildungsserver: Physik www.bildungsserver.at/faecher/physik/Die%20Solarzelle [Stand 07.01.2009]
[14] Vgl.: Wagemann und Eschrich (2007): Photovoltaik. S. 63.

des geringen Absorptionskoeffizienten von kristallinem Silizium müssen diese Solarzellen eine Schichtstärke von 100-200 µm[15] aufweisen.

Der Wirkungsgrad solcher Solarzellen, damit wird gemeint, das Ausmaß der Umwandlung von Lichtenergie in elektrische Energie, kann sich heutzutage je nach Herstellungsverfahren auf bis zu 30%[16] belaufen. Der Rest geht in Wärme über. Somit ist dieser Zelltyp der zurzeit Wirkungsvollste aller Solarzellentypen.

### 3.1.1 Herstellungsprozess von monokristallinen Solarzellen

Bevor auf die einzelnen Prozessschritte für die Herstellung von monokristallinen Solarzellen näher eingegangen werden kann, muss auch die Herstellung des Ausgangsmaterials betrachtet werden. Um eine solche Zelle herstellen zu können, benötigt man sogenannte CZ-Silizium- Scheiben[17] oder FZ-Silizium-Scheiben. CZ-Silizium-Scheiben werden aus tiegelgezogenen Einkristallen nach dem CZOCHRALSKI-Verfahren (siehe Abb. 4) hergestellt.[18]

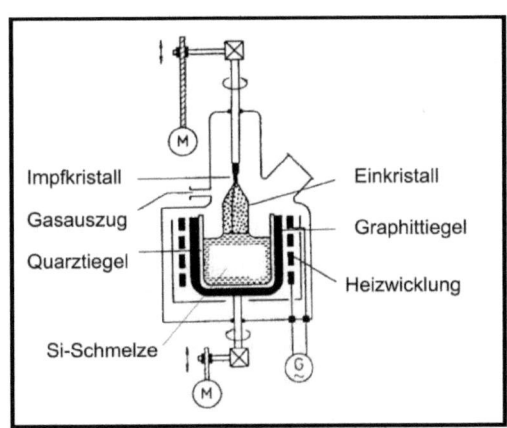

Abb.4 CZOCHRALSKI-Verfahren[19]

---

[15] Vgl.: Wagemann und Eschrich (2007): Photovoltaik. S. 64.
[16] Vgl.: Wagemann und Eschrich (2007): Photovoltaik. S. 77.
[17] Vgl.: Wagemann und Eschrich (2007): Photovoltaik. S. 78.
[18]. Vgl.: Wagemann und Eschrich (2007): Photovoltaik. S. 78 f.
[19] Verändert übernommen aus: Wagemann und Eschrich (2007): Photovoltaik. S. 79.

Das Silizium wird erhitzt und durch das Herausziehen des Impfkristalls aus der Si-Schmelze entsteht ein Einkristall. Dabei spielt der gelöste Sauerstoff im Quarztiegel eine wichtige Rolle für die Eigenschaften des CZ-Siliziums.[20]

FZ-Silizium-Scheiben (Floating Zone) stammen hingegen von polykristallinen Reinst-Silizium-Stäben. Die Herstellung erfolgt, indem man diese polykristallinen Stäbe durch induktives Aufschmelzen einer schmalen Zone, in einer Schutzgasatmosphäre mithilfe eines Impfkristalls herauszieht (siehe Abb. 5).[21]

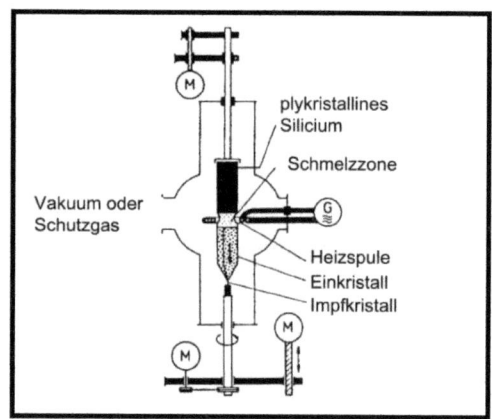

Abb.5 Zonenziehen[22]

In der Praxis wird CZ-Silizium für terrestrische Anwendungen verwendet wohingegen das teure FZ-Silizium in Hochleistungs-Solarzellen Platz findet.[23]

Das Ausgangsmateriel für die Herstellung monokristalliner Solarzellen ist ein CZ-Einkristall bzw. FZ-Einkristall, der einen Durchmesser von 6-8 Zoll aufweist und 2m lang ist. Dieser Zylinder wird im ersten Bearbeitungsprozess mittels Innenloch-Sägen in Scheiben von 200 bis 400 µm Stärke geteilt. Anschließend werden die

[20] Vgl.: Wagemann und Eschrich (2007): Photovoltaik. S. 78.
[21] Vgl.: Wagemann und Eschrich (2007): Photovoltaik. S. 78 f.
[22] Verändert übernommen aus: Wagemann und Eschrich (2007): Photovoltaik. S. 79.
[23] Vgl.: Wagemann und Eschrich (2007): Photovoltaik. S. 79.

fertig geschnittenen Scheiben mit Hilfe von $Al_2O_3$ Schleifkörnern auf eine Stärke von 180, 200 oder 250 mm geläppt und danach gereinigt.

Um einen positiven p-Bereich im p-Grundmaterial zu schaffen, ist eine Implantation von Bor erforderlich. Durch Aufbringung einer Diffusionsmaske auf der Rückseite kann eine Phosphordiffusion im Quarzrohr mittels $PB_3$ + $N_2$ bei 800°C mit einer Diffusionstiefe 0,1 bis 0,2 µm vorgenommen werden.

Die Metallisierung der Rückseite einer solchen Zelle, erfolgt durch ganzflächig im Vakuum aufgedampftes Aluminium. Die Vorderseite wird hingegen mit einer Fingerstruktur von Ti/Pd/Ag im Vakuum aufgedampft und bei 400°C eingesintert. Die optische Vergütung erfolgt durch $TiO_x$ oder $Ta_2O_5$. Dieses wird im Vakuum aufgesputtert und wiederum bei 400°C eingesintert. Die fertigen Zellen werden in 2 x 4 cm² bzw.4 x 6 cm² geteilt.

Zum Schluss wird noch ein Funktionstest im Modulaufbau durch eine Blitzlicht-Prüfung durchgeführt [24]

---

[24] Vgl.: Wagemann und Eschrich (2007): Photovoltaik. S. 80.

## 3.1.2 Anwendungsgebiete von monokristallinen Solarzellen

Die Anwendungsgebiete dieses Typs sind vor allem dort, wo Geld keine übergeordnete Rolle spielt. Wie unter 3.1.1 beschrieben, ist sehr viel Energie notwendig, um diesen Solarzellentyp herzustellen. Man hat aber andererseits auch die höchste Ausbeute an Energie. Diese Zellen werden vorwiegend in der Raumfahrt eingesetzt, da man hier durch die sogenannten Sonnensegel (ein großer Verbund aus monokristallinen Solarzellen), ohne Verluste durch Wolken oder atmosphärische Strahlungen, diese Zellen betrieben kann und sogleich ein Optimum an Leistung bekommt.

Ein weiterer, immer größer werdender Bereich, für den Einsatz monokristalliner Zellen stellt der sogenannte Inselbetrieb dar. Unter Inselbetrieb versteht man eine völlig eigenständige Stromversversorgung der verwendeten elektrischen Komponenten. Diese sind unter anderem, Parkscheinautomaten, Überwachungskameras usw. .... Großflächige Anlagen können sogar völlig autonome Regionen, wie in Quinghai, mit Strom versorgen und somit zuvor ungeahnte Möglichkeiten den dort lebenden Menschen bieten.[25]

Es gibt auch eine Reihe von Spezialanwendungen, wie bei den aktuellen Audi A8 Modellen. Dort wird das Schiebedach mit Solarmodulen ausgestattet, die im Sommer automatisch bei Überschreitung einer gewissen Innenraumtemperatur, Ventilatoren einschalten, um die Temperatur in der Fahrgastzelle in einem angenehmen Bereich zu halten.[26]

---

[25] Vgl.: Christoph, Jehle (2008): Photovoltaik. Strom aus der Sonne. 5., überarb. Aufl. Heidelberg / München / Landsberg / Berlin: C.F. Müller, Hüthig, Verlgsgruppe Hüthig Jehle Rehm GmbH. S. 104.
[26] AUDI: Audi A8. Mehrausstattung http://www.audi.at/mehr.php?K_ID=20 [Stand 14.04.2009]

## 3.2 Polykristalline Solarzellen

Dieser Typ ist aus unterschiedlich ausgerichteten Kristallen zusammengesetzt. Dadurch entsteht für den Betrachter je nach Blickwinkel ein unterschiedliches Muster (siehe Abb. 6).

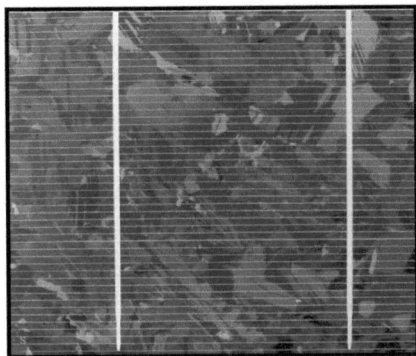

Abb.6 Polykristalline-Solarzelle[27]

Der Wirkungsgrad dieser Solarzellentype ist nicht ganz so hoch wie bei einer monokristallinen Zelle und beträgt bei einer Standardzelle ca. 15%[28]. Dieser Solarzellentyp hat einen Marktanteil von rund 60%[29], trotz des schlechteren Wirkungsgrades im Verhältnis zu einer monokristallinen Solarzelle. Der Grund für den hohen Marktanteil liegt darin, dass die Produktion im Vergleich zur monokristallinen Solarzelle um einiges billiger und wirtschaftlicher ist.

---

[27] Bildungsserver: Physik www.bildungsserver.at/faecher/physik/Die%20Solarzelle [Stand 07.01.2009]
[28] Vgl.: Wagemann und Eschrich (2007): Photovoltaik. S. 117.
[29] Vgl.: Wagemann und Eschrich (2007): Photovoltaik. S. 63.

17

## 3.2.1 Herstellung von polykristallinen Solarzellen

Das Ausgangsmaterial wird durch das sogenannte Kokillenguss-Verfahren hergestellt. Erstarrt eine Si-Schmelze, bilden sich die Korngrenzen in beliebiger Form und dadurch kann kein sauberer pn-Übergang entstehen. Es entsteht eine Zufallsanordnung der Korngrenzen (siehe Abb.7).

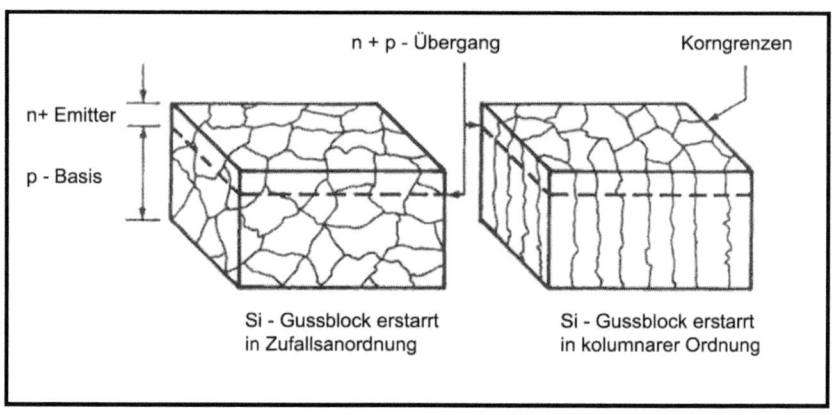

Abb.7 Si-Gussblock[30]

Wird aber mithilfe des Kokillenguss Verfahren (siehe Abb.8) das Silizium während des Erstarrungsprozesses durch Entfernen der Wärmedämmung am Boden gestört, so wachsen säulenförmige Mikrokristallite von unten nach oben.[31] Es entsteht dadurch ein „sauberer" pn-Übergang, der nicht durch Korngrenzen gestört wird. Diese wird kolumnare Ordnung genannt. Unter einer kolumnaren Ordnung versteht man eine säulenförmige Anordnung (siehe Abb.7).[32] Durch dieses Verfahren kann gewährleistet werden, dass durch die Erstarrungsbedingungen des gegossenen Siliziums die Überschussladungsträger auf ihrem Weg zur Raumladungszone keine Korngrenzen überqueren müssen.[33]

---

[30] Verändert übernommen aus: Wagemann und Eschrich (2007): Photovoltaik. S. 99.
[31] Vgl.: Wagemann und Eschrich (2007): Photovoltaik. S. 99.
[32] Vgl.: Wagemann und Eschrich (2007): Photovoltaik. S. 98.
[33] Vgl.: Wagemann und Eschrich (2007): Photovoltaik. S. 98.

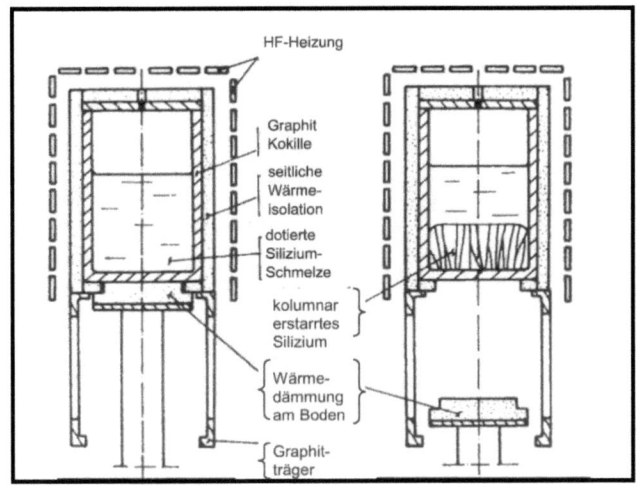

Abb.8 Gusstechnik für kolumnares Silizium[34]

„Bei der Herstellung von polykristallinen Solarzellen wird als Grundwerkstoff ein kolumnar-erstarrter Gussblock mit einer Geometrie von 50 x 50 x 40 cm³ verwendet. Dieser wird unter den Handelsnamen SILSO, SEMIX oder ReSitAl in den Vertrieb gebracht. Der Widerstand beträgt je nach Qualität 0,5 bis 5 Ωcm.

Mit einer Gattersäge, die gleichzeitig 10 bis 20 Scheiben schneiden kann, werden Wafer mit einer Dicke von 200 bis 300 µm und einer Fläche von 15 x 15 cm² erzeugt. Anschließend erfolgt eine Reinigung.

Die Emitter-Diffusion kann durch eine Siebdruckbelegung im Durchlauf-Ofen bewerkstelligt werden. Beim Siebdruckverfahren (siehe Abb.9) werden aus einem Magazin Scheiben beschichtet und anschließend die aufgebrachte Paste in einem Einbrennofen verfestigt.[35]

---

[34] Verändert übernommen aus: Wagemann und Eschrich (2007): Photovoltaik. S. 99.
[35] Vgl.: Wagemann und Eschrich (2007): Photovoltaik. S. 116.

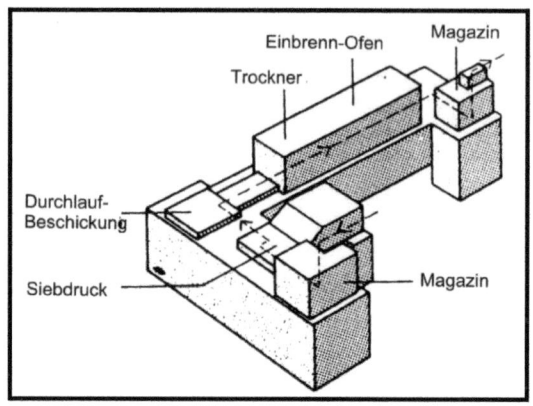

Abb.9 Siebdruckverfahren[36]

Die Tiefe beim Einbrennen beträgt dabei 0,3 bis 0,5 µm. Durch eine einstündige Behandlung der Wafer bei 300°C im Wasserstoffplasma erfolgt eine Korngrenzen-Passivierung. Unter einer Korngrenzen-Passivierung versteht man eine erhöhte Oberflächenrekombination durch die Wirksamkeit von Silizium-Valenzen. Durch die Wasserstoffbehandlung diffundieren die gut beweglichen H-Atome in die Korngrenzen und gelangen so zu Plätzen mit Si-Valenzen, mit denen das H-Atom eine kovalente Bindung eingehen kann. Dadurch reduziert sich zwar die Korngrenzen-Rekombination, sie wird aber nicht vollständig unterdrückt.

Die Metallisierung erfolgt sowohl an der Vorder- als auch Rückseite durch eine Siebdruck-Belegung und anschließendem Einsintern im Durchlaufofen. Jedoch wird an der Rückseite eine Ag/Al-Paste und an der Vorderseite eine Ag-Paste verwendet. Die optische Vergütungsschicht, die die Zellen vor Umwelteinflüssen schützt, erreicht man wiederum durch eine Siebdruckbelegung einer $TiO_x$ – Emulsion und nachfolgendem Einsintern."[37]

---

[36] Verändert übernommen aus: Wagemann und Eschrich (2007): Photovoltaik. S. 116.
[37] Vgl.: Wagemann und Eschrich (2007): Photovoltaik. S. 114.

## 3.2.2 Anwendungen von polykristallinen Solarzellen

Polykristalline Solarzellen sind am meisten verbreitet, da die Herstellung wirtschaftlicher ist als bei monokristallinen Solarzellen. Diese Zellen findet man vor allem im Consumer-Bereich. In den letzten Jahren sind sogenannte „Gartenleuchten" sehr in Mode gekommen. Der Strom wird mithilfe einer polykristallinen Solarzelle erzeugt, die wiederum eine oder mehrere LED (Light Emitting Diode) mit Strom versorgt. Der große Vorteil liegt darin, dass man völlig willkürlich diese Lampensysteme platzieren kann, ohne Kabel verlegen zu müssen.

Auch im Haushalt werden sehr oft anstatt der teuren monokristallinen Zellen polykristalline Solarzellen verwendet, da sich ansonsten keine wirtschaftlich vertretbaren Amortisationzeiten erreichen lassen. Meistens werden diese Zellen als Zusatz verwendet, um ins örtliche Netz eingespeist zu werden und dadurch die monatlichen Kosten für die Nutzung des lokalen Stromlieferanten zu reduzieren.

Wie man an den oben beschrieben Einsatzgebieten sieht, werden solche Solarzellen sehr oft für Anwendungen eingesetzt, die wenig Strom benötigen sowie nur einen kleine Fläche zu Verfügung haben, um dies Zellen zu platzieren bzw. zu betreiben. Jedoch können polykristalline Zellen auch sehr gut als Ergänzung im Haushaltsbereich eingesetzt werden.

## 3.3 Dünnschicht Solarzellen aus amorphem Silizium

Die derzeit interessanteste Alternative zu konventionellem kristallinem Silizium ist die amorphe Silizium Dünnschichtzelle (siehe Abb.10). Vor allem durch die Beschichtungstechnik ergeben sich völlig neue Anwendungsbereiche sowie Gestaltungsfreiheiten bei der Nutzung von Photovoltaik.

Abb.10 Dünnschicht Solarzelle[38]

Diese Zellen wurden in den achtziger Jahren entwickelt, um die teuren Solarzellen abzulösen.[39] Teiltransparente Schichten werden auf Fensterglas aufgetragen und lassen sich zu großen Flächen zusammenbauen, Jedoch sind diese Zellen, bei direkter Sonneinstrahlung nicht stabil.[40]

„Das Hauptmerkmal für amorphes Silizium ist die fehlende Ordnung der atomaren Struktur. Jedoch ist eine sogenannte Nahordnung sehr wohl vorhanden. Diese Nahordnung gibt an, wie wahrscheinlich es ist, ein Nachbaratom zu finden. Amorphe Halbleiter weisen demnach eine erkennbare Ordnung auf, die für den inneren Photoeffekt erforderlich ist. "[41]

---

[38] Bildungsserver: Physik www.bildungsserver.at/faecher/physik/Die%20Solarzelle [Stand 07.01.2009]
[39] Vgl.: Wagemann und Eschrich (2007): Photovoltaik. S. 141.
[40] Vgl.: Wagemann und Eschrich (2007): Photovoltaik. S. 141.
[41] Vgl.: Wagemann und Eschrich (2007): Photovoltaik. S. 140 f.

### 3.3.1 Herstellung von Dünnschicht-Solarzellen

„Bei der Herstellung von Dünnsicht-Solarzellen aus amorphem Silizium werden folgende Ausgangsmaterialien benötigt: 1/8" Fensterglas mit einer Fläche von 0,093m² und hochreines Silan ($SiH_4$ gasförmig). Als Dotierungsgase werden Phosphin, Dibron, Zinnoxid, Aluminium (mit 3% Si-Anteil gegen Si-Migration) und Polyvinyl (plastisch verarbeitbar) benötigt.

Als erstes wird das Glas zugeschnitten und anschließend in einem de-ionisierten $H_2O$-Bad gereinigt und danach getrocknet.

Der Vorderseitenkontakt ($SnO_2$) ist lichtdurchlässig. Durch Siebdruck und Einsintern werden Kontaktstreifen als Außenanschlüsse an den Scheibenkanten erzeugt. $SnO_2$-CVD Abscheidungen auf der gesamten Scheibe und streifenweise Strukturierung des $SnO_2$-Kontaktes mit einem Nd-YAG-Laser sind die ersten beiden Produktionsschritte (siehe Abb.11)."[42]

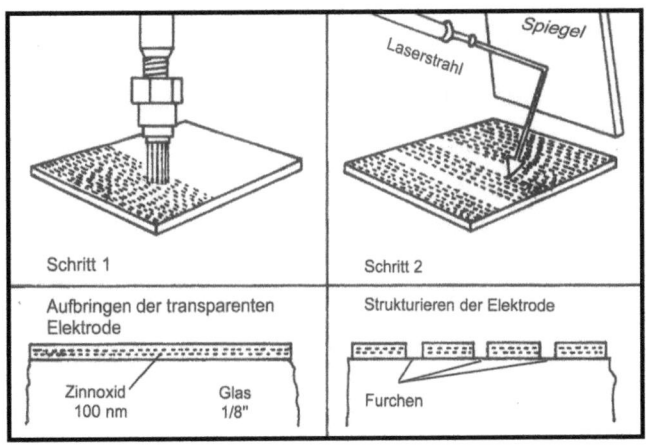

Abb.11 Herstellung von Dünnschicht-Solarzellen Schritt 1-2[43]

---

[42] Vgl.: Wagemann und Eschrich (2007): Photovoltaik. S. 164.
[43] Wagemann und Eschrich (2007): Photovoltaik. S. 163.

„Als nächstes erfolgt eine sequentielle Abscheidung der pin-Struktur in drei Kammern. Jeweils zwei Substrate befinden sich in sogenannten Box-Carriers bei der Abscheidung Rücken an Rücken. Dies sind: Phosphor-dotiertes n+-a-Si:H, undotiertes a-Si:H und Bor-dotiertem p+-a-Si:H. Diese werden mithilfe eines Nd-YAG-Laser, streifenweise strukturiert (siehe Abb.12)."[44]

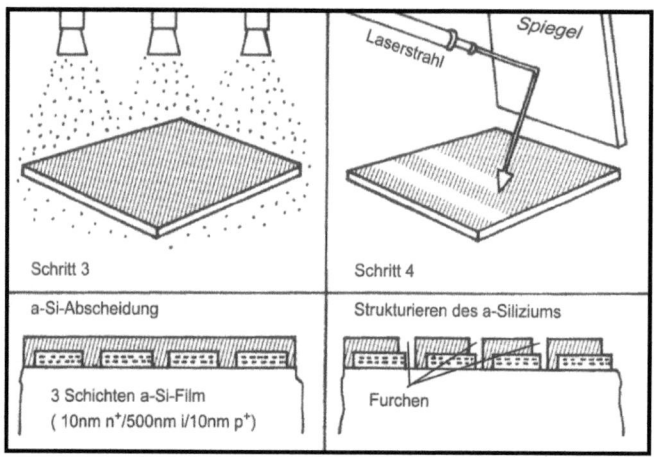

Abb.12 Herstellung von Dünnschicht-Solarzellen Schritt 3-4[45]

Die Rückseitenkontakte bestehen aus Aluminium und werden durch eine Al-Abscheidung unter Vakuum mittels eines Nd-YAG-Laser aufgebracht (siehe Abb.13).[46]

---

[44] Vgl.: Wagemann und Eschrich (2007): Photovoltaik . S. 164.
[45] Wagemann und Eschrich (2007): Photovoltaik. S. 163.
[46] Vgl.: Wagemann und Eschrich (2007): Photovoltaik. S. 164.

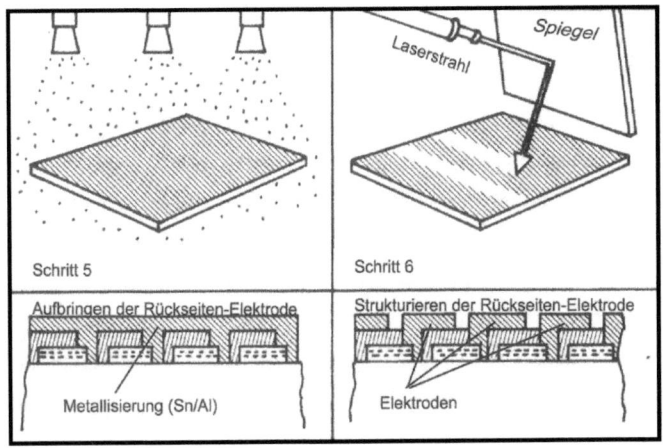

Abb.13 Herstellung von Dünnschicht-Solarzellen Schritt 5-6[47]

Zum Schluss erfolgt eine Beschichtung mit Vinyl (siehe Abb.14) und anschließendem Funktionstest.[48]

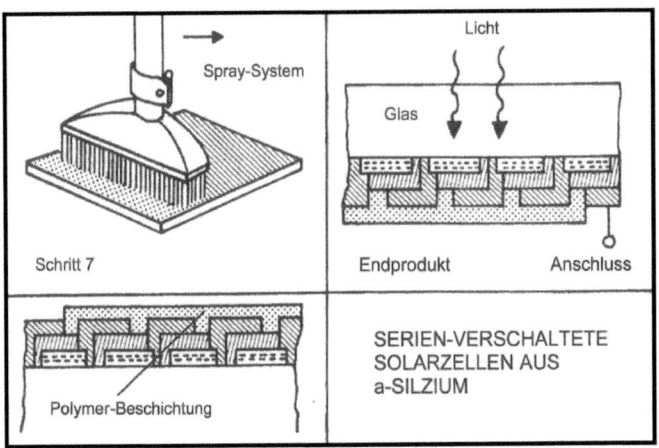

Abb.14 Herstellung von Dünnschicht-Solarzellen Schritt 7-8[49]

---

[47] Wagemann und Eschrich (2007): Photovoltaik . S. 164.
[48] Vgl.: Wagemann und Eschrich (2007): Photovoltaik. S. 164.
[49] Wagemann und Eschrich (2007): Photovoltaik. Solarstrahlung. S.164.

## 3.3.2 Anwendungen für Dünnschicht-Solarzellen

Dünnschicht-Solarzellen haben zwar einen sehr kleinen Wirkungsgrad gegenüber mono- sowie polykristallinen Solarzellen, besitzen aber einen entscheidenden Vorteil. Sie können auf fast jede beliebige Oberfläche aufgebracht werden und fast alle Formen annehmen. Somit eröffnen sich völlig neue Anwendungsgebiete für diese Solarzellen.

Einsatzgebiete dieser Technologie liegen vor allem bei Anwendungen, bei denen man sehr wenig Raum für die Solarzelle selbst hat (wie z.B.: Taschenrechner, Uhren).

Diese Technologie bietet viele Vorteile wie:

- Geringer Materialverbrauch durch hauchdünne (0,3 μm)[50]aufgedampfte Schichten.
- Großflächentechnologie mit hohem Automatisierungsgrad bei der Produktion
- Das Trägermaterial kann aus billigen Glasplatten, Kunststoffplatten sowie nichtrostenden Stahl bestehen.
- Durch die Aufbringung als hauchdünne Schicht hat man einen sehr großen Gestaltungsspielraum bei transparenten bzw. gekrümmten Oberflächen.

---

[50] Vgl.: Christoph, Jehle (2008): Photovoltaik. Strom aus der Sonne. S. 13.

# 4 Nanotechnologien

## 4.1 Nanobeschichtungen

Die Nanotechnologie eröffnet viele neue Möglichkeiten in der Optimierung bestehender Technologien sowie die völlige Neukonzeption von Photovoltaikanlagen.

Für bestehende Systeme gibt es die Möglichkeit einer Nanobeschichtung der Oberfläche, um Reflexionen zu vermeiden. Dies wird mit synthetischen Farbstoffschichten ermöglicht (siehe Abb.15).

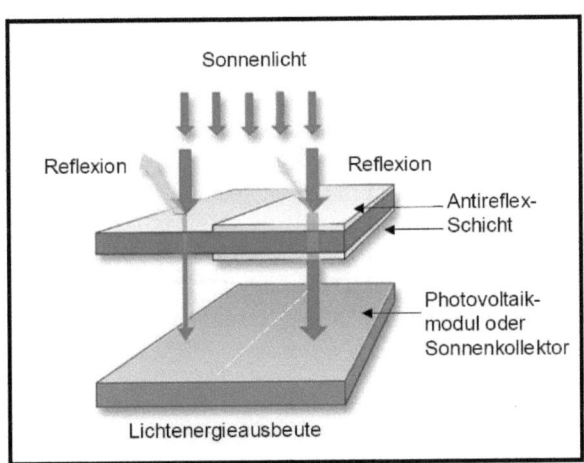

Abb.15 Nanobeschichtung[51]

[51] Prassl. Ruth (2008): Skriptum zur Lehrveranstaltung Schlüsseltechnologien. Nanomaterialien und Anwendungsgebiete Nanotechnologie –Gesundheit und Umwelt Teil 2. Graz, Campus02, Habil.-Schr. S. 62.

## 4.2 Nanozellen

Nicht nur neuartige Beschichtungen können von der Nanotechnologie profitieren, sondern auch neue Technologien. Zurzeit gibt es zwei konkrete Projekte, die verfolgt werden. Zum einen die Grätzel-Zelle und zum anderen die Plastik-Solarzelle.[52]

Die Grätzel-Zelle, die auch als Bio-Solarzelle bekannt ist, beruht auf dem Prinzip der Photosynthese. Diese Zelle ist folgendermaßen aufgebaut: Ein Netz aus $TiO_2$-Nanopartikel wird von roten Farbstoffmolekülen umgeben (siehe Abb.16). In den Zwischenräumen befindet sich ein Elektrolyt (Jodlösung).

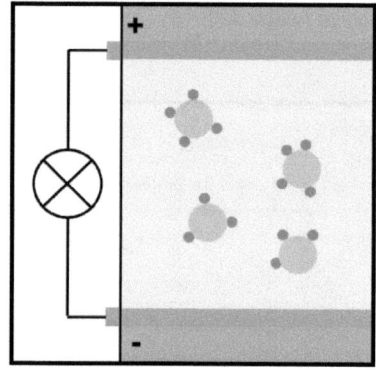

Abb.16 Nanozellen[53]

Trift nun ein Photon auf ein Farbmolekühl, so wird dieses angeregt und regt wiederrum die Elektronen an. Die Leitungselektronen wandern aufgrund dieser Anregung in Richtung Glaselektrode, dies hat zur Folge, dass Löcher im Elektrolyt entstehen und diese durch den Elektrolyten selbst aufgefüllt werden. Durch diesen

---

[52] Vgl.: Prassl. Ruth (2008): Skriptum zur Lehrveranstaltung Schlüsseltechnologien. Nanomaterialien und Anwendungsgebiete Nanotechnologie –Gesundheit und Umwelt Teil 2. Graz, Campus02, Habil.-Schr. S. 62 f.
[53] Eigene Darstellung

Vorgang wandert der Elektrolyt zur Gegenelektrode. Damit werden die Elektroden geladen und Strom kann fließen.

Derzeit ist zwar der Wirkungsgrad mit 10% relativ gering, aber diese Technologie bietet einen entscheidenden Vorteil gegenüber herkömmliche Solarzellen und zwar ist die Lebensdauer 1000 fach größer als bei heutigen Zellen.

Hingegen ist die Plastiksolarzelle sehr kostengünstig in der Produktion und nur 200 nm dick. Die Funktionsweise dieser Zellen beruht auf leitenden Polymeren. Diese organischen Substanzen nehmen Photonen auf, die Elektronen anregen und dadurch wandern und werden anschließend von Buckyballs (C60 Fullernen) aufgenommen. Somit kann Strom fließen. Der Wirkungsgrad liegt zurzeit noch bei recht bescheidenen 5%, jedoch ist die Herstellung kostengünstig und die Zellen lassen sich sehr gut verformen und können dadurch sehr flexibel angebracht werden. "[54]


## 4.3 Resümee

Aufgrund der Tatsache, dass die Herstellung von Photovoltaischen-Anlagen noch immer sehr aufwendig und kostenintensiv ist, geben neue Nano-Technologien Hoffnung auf eine flächendeckende Verbreitung bzw. Verwendung solcher Anlagen. In diesen Gebieten muss aber noch sehr viel Forschungsarbeit investiert werden, um eine optimale Nutzung des Sonnenlichts zu gewährleisten.

Das wohl wichtigste Argument für Photovoltaik ist aber mit Sicherheit, dass durch die Verwendung von Sonnenlicht als Stromlieferant, gratis und völlig emissionslos sauberer Strom erzeugt werden kann.

---

[54] Vgl.: Prassl. Ruth (2008): Skriptum zur Lehrveranstaltung Schlüsseltechnologien. Nanomaterialien und Anwendungsgebiete Nanotechnologie –Gesundheit und Umwelt Teil 2. Graz, Campus02, Habil.-Schr. S. 62 f.

# 5 Literaturverzeichnis

## Bücher und Zeitschriften

**Andreas Wagner (2006):** Photovoltaik Engineering. Handbuch für Planung, Entwicklung und Anwendung. 2. überarb. Aufl. Berlin/Heidelberg: Springer-Verlag

**Christoph, Jehle (2008):** Photovoltaik. Strom aus der Sonne. überarb. Aufl. Heidelberg / München / Landsberg / Berlin: C.F. Müller, Hüthig, Verlgsgruppe Hüthig Jehle Rehm GmbH

**Peter Würfel (2000):** Physik der Solarzelle. 2. überarb. Aufl. Heidelberg/Berlin: Spektrum Akademischer Verlag GmbH

**Prassl. Ruth (2008):** Skriptum zur Lehrveranstaltung Schlüsseltechnologien. Nanomaterialien und Anwendungsgebiete Nanotechnologie –Gesundheit und Umwelt Teil 2. Graz, Campus02, Habil.-Schr.

**Schulter, W. (1966):** Advances in Solid State Physics. Rekombinations- und Generationsprozesse in Halbleitern. 5. überarb. Aufl. Berlin/Heidelberg: Springer.

**Wagemann Hans-Günther und Eschrich Heinz (2007):** Photovoltaik. Solarstrahlung und Halbleitereigenschaften Solarzellenkonzepte und Aufgaben. Bd. 1. Wiesbaden: B.G Teubuner Verlag GWV Fachverlage GmBH

## Internetquellen

**Dr.-Ing. J.Blumenberg und Dr.-Ing. M. Spinner:** Solarthermie & Photovoltaik. 3 Photovoltaik. http://www.td.mw.tum.de/tum-td/en/studium/lehre/solar_photovolt/download/folien/SolPV_3-1 [Stand 02.04.2009]

**Bildungsserver:** Physik www.bildungsserver.at/faecher/physik/Die%20Solarzelle [Stand 07.01.2009]

**AUDI:** Audi A8. Mehrausstattung http://www.audi.at/mehr.php?K_ID=20 [Stand 14.04.2009]